Gruber | Neumann

Erfolg im Mathe-Abi

Baden-Württemberg Lernkarten

NEUE
ab 2021

Basisfach

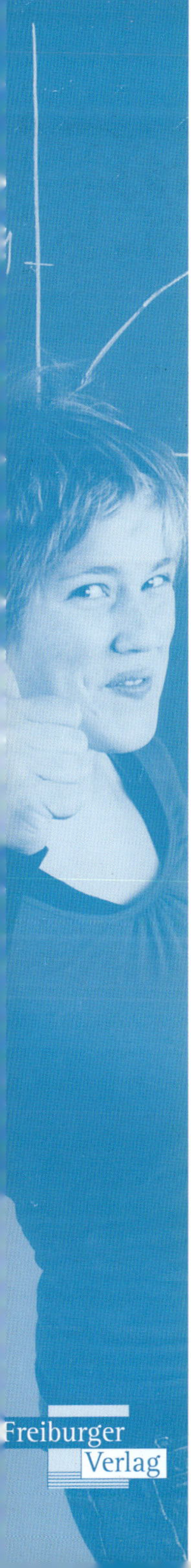

168 Lernkarten

Für die optimale Vorbereitung auf das Mathe-Abitur in Analysis, Geometrie und Stochastik

Freiburger Verlag

Wie lautet die Geradengleichung in Hauptform?

Wie lautet die Punkt-Steigungs-Form einer Geraden durch $Q(x_Q \mid y_Q)$ mit Steigung m?

Wie lautet die Gleichung einer Parallelen zur x-Achse?

Wie lautet die Gleichung einer Parallelen zur y-Achse?

Wie erhält man die Steigung m zwischen $P(x_P \mid y_P)$ und $Q(x_Q \mid y_Q)$?

Wie erhält man den Steigungswinkel einer Geraden mit Steigung m?

Wie bestimmt man den Mittelpunkt M von $P(x_P \mid y_P)$ und $Q(x_Q \mid y_Q)$?

Wie berechnet man die Länge der Strecke von $P(x_P \mid y_P)$ zu $Q(x_Q \mid y_Q)$?

Die Geradengleichung in Punkt-Steigungs-Form lautet:

$$y = m \cdot (x - x_Q) + y_Q$$

2

Die Geradengleichung in Hauptform lautet:

$$y = m \cdot x + c$$

m : Steigung

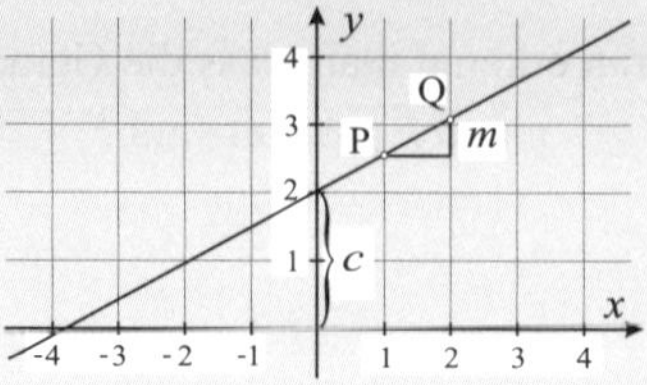

1

Die Gleichung einer Parallelen zur y-Achse lautet:

$$x = u$$

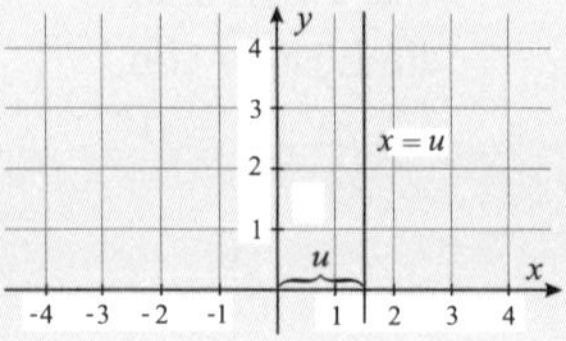

4

Die Gleichung einer Parallelen zur x-Achse lautet:

$$y = c$$

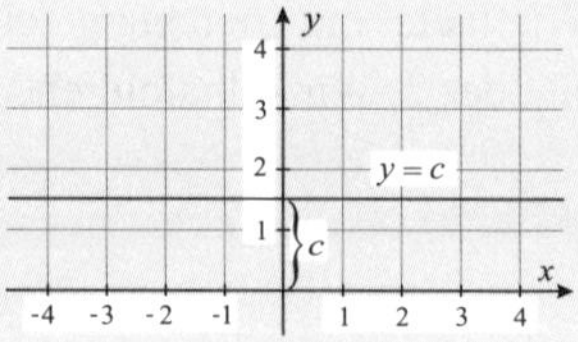

3

Den Steigungswinkel α einer Geraden mit Steigung m erhält man durch:

$$m = \tan \alpha$$

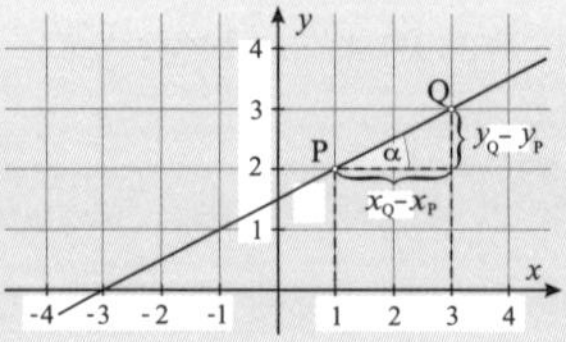

6

Die Steigung zwischen den Punkten P und Q ist:

$$m = \frac{y_Q - y_P}{x_Q - x_P}$$

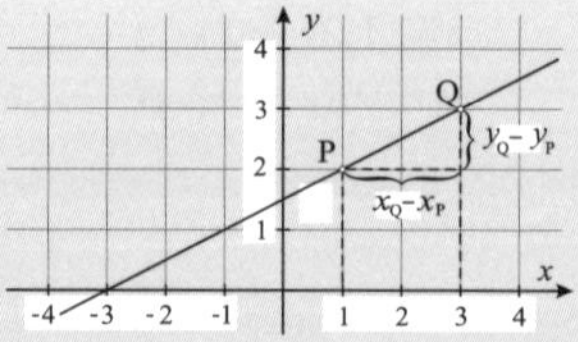

5

Die Länge der Strecke von P zu Q beträgt:

$$\overline{PQ} = \sqrt{(x_Q - x_P)^2 + (y_Q - y_P)^2}$$

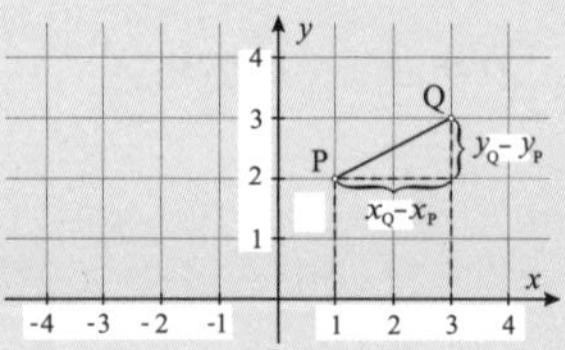

8

Der Mittelpunkt M von P und Q ist:

$$M\left(\frac{x_P + x_Q}{2} \mid \frac{y_P + y_Q}{2}\right)$$

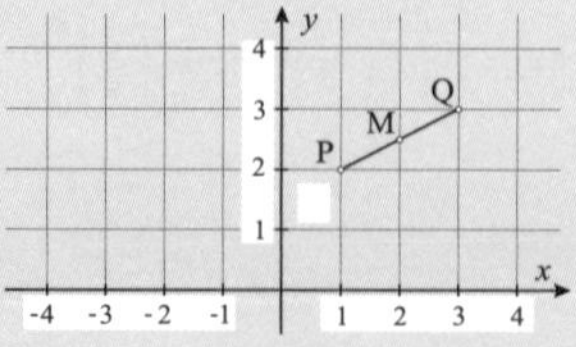

7

Geraden und Strecken

Woran erkennt man, dass die Geraden g und h parallel sind?

Geraden und Strecken

Woran erkennt man, dass die Geraden g und h orthogonal (senkrecht zueinander) sind?

Geraden und Strecken

Wie lautet die Gleichung der 1. und der 2. Winkelhalbierenden?

Algebra

Wie erhält man die Lösung von $x^2 + px + q = 0$?

Algebra

Wie erhält man die Lösung von $ax^2 + bx + c = 0$?

Algebra

Was ist $x^a \cdot x^b$ bzw. $\frac{x^a}{x^b}$?

Algebra

Was ist $(x \cdot y)^a$ bzw. $\left(\frac{x}{y}\right)^a$?

Algebra

Was ist $(x^a)^b$ bzw. x^0?

Die eine Steigung ist der negative Kehrwert der anderen Steigung:

$$m_g = -\frac{1}{m_h} \text{ bzw. } m_g \cdot m_h = -1$$

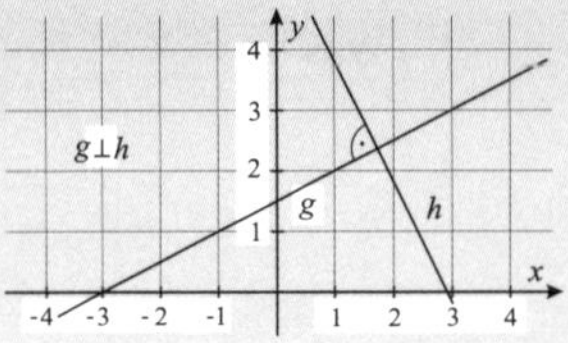

10

Die Geraden g und h sind parallel, wenn die y-Achsenabschnitte verschieden und die Steigungen gleich sind: $m_g = m_h$

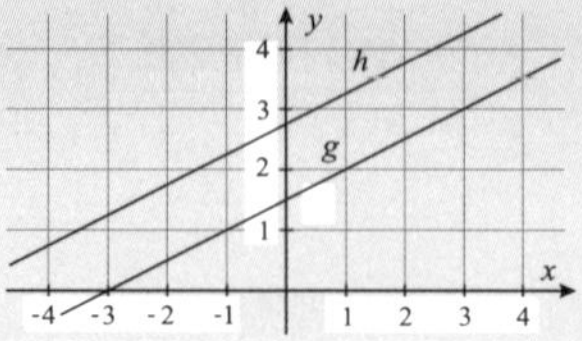

9

$$x_{1,2} = -\frac{p}{2} \pm \sqrt{\left(\frac{p}{2}\right)^2 - q}$$

12

1. Winkelhalbierende: $y = x$
2. Winkelhalbierende: $y = -x$

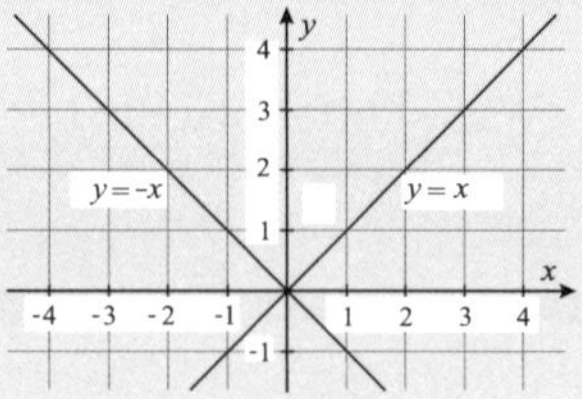

11

$$x^a \cdot x^b = x^{a+b}$$

$$\frac{x^a}{x^b} = x^a \cdot x^{-b} = x^{a-b}$$

14

$$x_{1,2} = \frac{-b \pm \sqrt{b^2 - 4ac}}{2a}$$

13

$$(x^a)^b = x^{a \cdot b}$$

$$x^0 = 1 \text{ (mit } x \neq 0\text{)}$$

16

$$(x \cdot y)^a = x^a \cdot y^a$$

$$\left(\frac{x}{y}\right)^a = \frac{x^a}{y^a}$$

15

Algebra

Was ist x^{-a} ?

BF www.Freiburger-Verlag.de 17

Algebra

Was ist $x^{\frac{1}{n}}$?

BF www.Freiburger-Verlag.de 18

Algebra

Was ist $\ln(\mathrm{e})$ bzw. $\ln(1)$?

BF www.Freiburger-Verlag.de 19

Trigonometrie

Wie lauten die trigonometrischen Verhältnisse ?

BF www.Freiburger-Verlag.de 20

Differentialrechnung

Wie lautet die 1. Ableitung von $f(x) = a \cdot x^r$?

BF www.Freiburger-Verlag.de 21

Differentialrechnung

Wie lautet die 1. Ableitung von $f(x) = \sqrt{x}$?

BF www.Freiburger-Verlag.de 22

Differentialrechnung

Wie lautet die 1. Ableitung von $f(x) = u(x) \cdot v(x)$?

BF www.Freiburger-Verlag.de 23

Differentialrechnung

Wie lautet die 1. Ableitung von $f(x) = u(v(x))$?

BF www.Freiburger-Verlag.de 24

Eine Potenz mit rationalem Exponenten ist eine Wurzel:

$$x^{\frac{1}{n}} = \sqrt[n]{x}$$

18

Eine Potenz mit negativem Exponenten ist ein Bruch:

$$x^{-a} = \frac{1}{x^a}$$

17

$$\sin\alpha = \frac{\text{Gegenkathete}}{\text{Hypotenuse}}$$
$$\cos\alpha = \frac{\text{Ankathete}}{\text{Hypotenuse}}$$
$$\tan\alpha = \frac{\text{Gegenkathete}}{\text{Ankathete}}$$

20

$$\ln(\mathrm{e}) = 1$$
$$\ln(1) = 0$$

19

Umschreiben: $f(x) = \sqrt{x} = x^{\frac{1}{2}}$

Ableiten ergibt:

$$f'(x) = \frac{1}{2} \cdot x^{-\frac{1}{2}} = \frac{1}{2x^{\frac{1}{2}}} = \frac{1}{2\sqrt{x}}$$

22

$$f'(x) = a \cdot r \cdot x^{r-1}$$

21

Äußere mal innere Ableitung:

$$f'(x) = u'(v(x)) \cdot v'(x)$$

(Kettenregel)

24

$$f'(x) = u'(x) \cdot v(x) + u(x) \cdot v'(x)$$

(Produktregel)

23

Differentialrechnung

Wie lautet die 1. Ableitung von $f(x) = e^x$?

BF www.Freiburger-Verlag.de 25

Differentialrechnung

Wie lautet die 1. Ableitung von $f(x) = a \cdot e^{k \cdot x + b}$?

BF www.Freiburger-Verlag.de 26

Differentialrechnung

Wie lautet die 1. Ableitung von $f(x) = \sin x$?

BF www.Freiburger-Verlag.de 27

Differentialrechnung

Wie lautet die 1. Ableitung von $f(x) = a \cdot \sin(k \cdot x + b)$?

BF www.Freiburger-Verlag.de 28

Differentialrechnung

Wie lautet die 1. Ableitung von $f(x) = \cos x$?

BF www.Freiburger-Verlag.de 29

Differentialrechnung

Wie lautet die 1. Ableitung von $f(x) = a \cdot \cos(k \cdot x + b)$?

BF www.Freiburger-Verlag.de 30

Differentialrechnung

Wie lässt sich die momentane Änderungsrate einer Funktion f beschreiben?

BF www.Freiburger-Verlag.de 31

Kurvendiskussion

Wie lautet die Gleichung einer allgemeinen Parabel?

BF www.Freiburger-Verlag.de 32

$f'(x) = a \cdot e^{k \cdot x + b} \cdot k$
(Kettenregel)

26

$f'(x) = e^x$
(e^x verändert sich beim Ableiten nicht)

25

$f'(x) = a \cdot \cos(k \cdot x + b) \cdot k$
(Kettenregel)

28

$f'(x) = \cos x$

27

$f'(x) = a \cdot (-\sin(k \cdot x + b)) \cdot k$
(Kettenregel)

30

$f'(x) = -\sin x$

29

Eine allgemeine Parabel hat die Gleichung:
$f(x) = ax^2 + bx + c$

32

Die momentane Änderungsrate einer Funktion kann durch die 1. Ableitung, also $f'(x)$, beschrieben werden.

31

Wie lautet die Gleichung einer zur y-Achse symmetrischen Parabel?

Wie lautet die Gleichung einer ganzrationalen Funktion f dritten Grades?

Wie geht der Graph von
$f(x) = a \cdot g(b \cdot (x - c)) + d$
aus dem Graphen von $g(x)$ hervor?

Wie erhält man die Steigung m_t der Tangente in einem Punkt $P(u \mid f(u))$ an den Graphen einer Funktion f?

Wie lautet die Tangentengleichung in einem Punkt $P(u \mid f(u))$?

Wie erhält man die Steigung m_n der Normalen in einem Punkt $P(u \mid f(u))$?

Wie lautet die Normalengleichung in einem Punkt $P(u \mid f(u))$?

Wie prüft man, ob der Graph einer Funktion f achsensymmetrisch zur y-Achse ist?

Eine ganzrationale Funktion f dritten Grades hat die Gleichung:

$$f(x) = ax^3 + bx^2 + cx + d$$

34

Eine Parabel, die symmetrisch zur y-Achse ist, hat die Gleichung:

$$f(x) = ax^2 + c$$

33

Der x-Wert des Punktes $\mathrm{P}(u \mid f(u))$ wird in die 1. Ableitung von f eingesetzt:

$$m_t = f'(u)$$

36

Der Graph von $f(x) = a \cdot g(b \cdot (x - c)) + d$ geht aus dem Graphen von $g(x)$ wie folgt hervor:

a: Streckung in y-Richtung mit Faktor a
($a < 0$: Spiegelung an der x-Achse)
b: Streckung in x-Richtung mit Faktor $\frac{1}{b}$
c: Verschiebung in x-Richtung um c
d: Verschiebung in y-Richtung um d

35

Die Steigung der Normalen ist der negative Kehrwert der Tangentensteigung:

$$m_n = -\frac{1}{m_t} = -\frac{1}{f'(u)}$$

(mit $f'(u) \neq 0$)

38

Die Tangentengleichung in $\mathrm{P}\,(u \mid f(u))$ lautet:

$$t\colon y = f'(u) \cdot (x - u) + f(u)$$

37

Bei Achsenymmetrie zur y-Achse muss für alle $x \in \mathrm{D}$ gelten:

$$f(-x) = f(x)$$

40

Die Normalengleichung in $\mathrm{P}\,(u \mid f(u))$ lautet:

$$y = -\frac{1}{f'(u)} \cdot (x - u) + f(u)$$

(mit $f'(u) \neq 0$)

39

Wie prüft man, ob der Graph einer Funktion f punktsymmetrisch zum Ursprung ist?

Wie erhält man den Schnittpunkt S des Graphen von $f(x)$ mit der y-Achse?

Wie erhält man Schnittpunkte des Graphen von $f(x)$ mit der x-Achse?

Wie lautet die Bedingung für Punkte mit waagerechter Tangente?

Wie erkennt man ein lokales Maximum (Hochpunkt)?

Wie erkennt man ein lokales Minimum (Tiefpunkt)?

Wie erkennt man einen Wendepunkt?

Woran erkennt man einen Sattelpunkt?

$x = 0$ wird in $f(x)$ eingesetzt:
$S(0 \mid f(0))$

42

Bei Punktsymmetrie zum Ursprung muss für alle $x \in D$ gelten:
$f(-x) = -f(x)$

41

An Punkten mit waagerechter Tangente ist die Steigung gleich Null:
$f'(x_0) = 0$

44

$f(x) = 0$ nach x auflösen, um die Nullstellen zuberechnen:
$N_1(x_1 \mid 0),\ N_2(x_2 \mid 0),\ \ldots$

43

$f'(x_0) = 0$ und $f''(x_0) > 0$
oder f' hat einen Vorzeichenwechsel an der Stelle x_0 von $-$ nach $+$

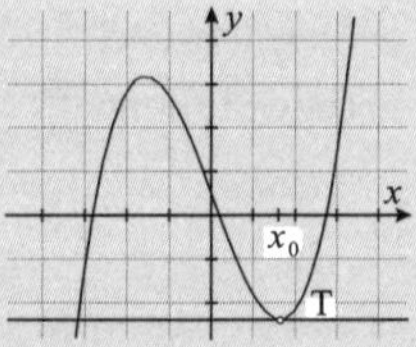

46

$f'(x_0) = 0$ und $f''(x_0) < 0$
oder f' hat einen Vorzeichenwechsel an der Stelle x_0 von $+$ nach $-$

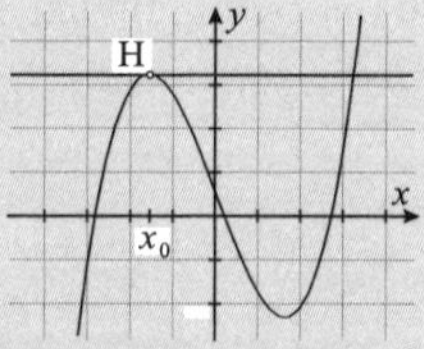

45

$f'(x_0) = 0$
und f' hat keinen Vorzeichenwechsel an der Stelle x_0

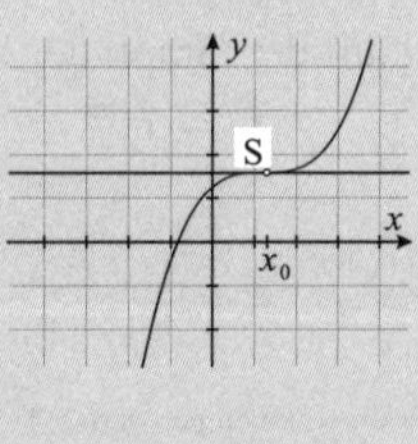

48

$f''(x_0) = 0$ und $f'''(x_0) \neq 0$
oder f'' hat einen Vorzeichenwechsel an der Stelle x_0

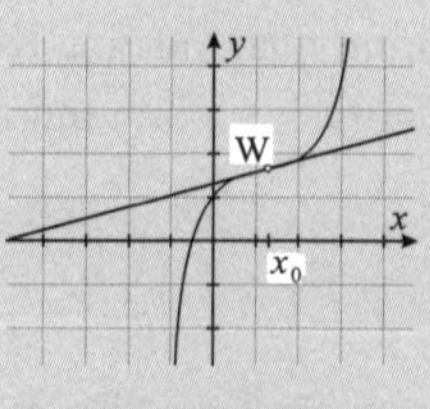

47

Welche Bedeutung haben die Parameter a, b, c und d bei der trigonometrischen Funktion $f(x) = a \cdot \sin(b \cdot (x - c)) + d$?

Wie erhält man die Periode p der trigonometrischen Funktion $f(x) = a \cdot \sin(b \cdot (x - c)) + d$?

Wie bestimmt man den Schnittpunkt zweier Kurven $f(x)$ und $g(x)$?

Wie lauten die Bedingungen, wenn sich zwei Kurven im Punkt B berühren?

Wie lauten die Bedingungen, wenn sich zwei Kurven senkrecht schneiden?

Wann ist die Funktion f streng monoton wachsend (bzw. fallend)?

Wie bestimmt man, ob eine Kurve links- oder rechtsgekrümmt ist?

Wie verläuft der Graph der Funktion $f(x) = x^2$?

Für die Periode p von
$f(x) = a \cdot \sin(b \cdot (x - c)) + d$ gilt:

$$p = \frac{2\pi}{|b|}$$

50

Der Graph der Grundfunktion

$$g(x) = \sin x$$

wird folgendermaßen verändert:

a: Streckung in y-Richtung mit Faktor a
($a < 0$: Spiegelung an der x-Achse)
b: Streckung in x-Richtung mit Faktor $\frac{1}{b}$
c: Verschiebung in x-Richtung um c
d: Verschiebung in y-Richtung um d

49

Die Funktionswerte und die Steigungen müssen im Berührpunkt B $(x_0 \mid f(x_0))$ gleich sein:

$$f(x_0) = g(x_0) \text{ und } f'(x_0) = g'(x_0)$$

52

Um den Schnittpunkt zweier Kurven $f(x)$ und $g(x)$ zu bestimmen, werden die Funktionsgleichungen gleichgesetzt und anschließend nach x aufgelöst:

$$f(x) = g(x)$$

51

streng monoton wachsend: $f'(x) > 0$
(streng monoton fallend: $f'(x) < 0$)

54

Im Schnittpunkt muss die Steigung der einen Kurve der negative Kehrwert der Steigung der anderen Kurve sein:

$$f(x_0) = g(x_0) \text{ und } f'(x_0) = -\frac{1}{g'(x_0)}$$

53

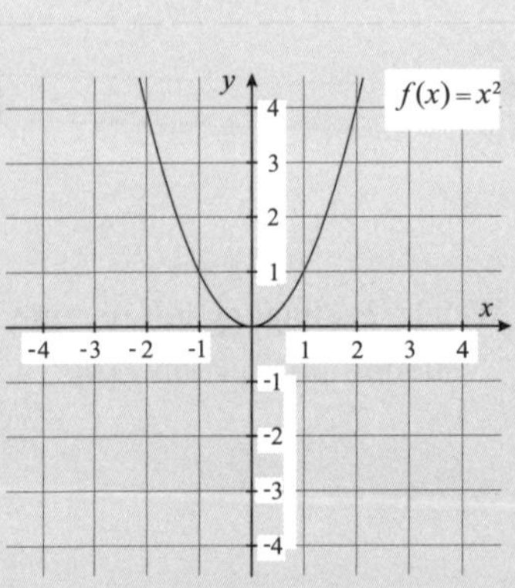

56

Eine Kurve ist in einem Intervall linksgekrümmt, wenn ihre zweite Ableitung dort größer als Null ist:

$$f''(x) > 0$$

Sie ist rechtsgekrümmt, wenn ihre zweite Ableitung dort kleiner als Null ist:

$$f''(x) < 0$$

55

Wie verläuft der Graph der Funktion
$f(x) = x^3$?

Wie verläuft der Graph der Funktion
$f(x) = \frac{1}{x}$?

Wie verläuft der Graph der Funktion
$f(x) = \frac{1}{x^2}$?

Wie verläuft der Graph der Funktion
$f(x) = e^x$?

Wie verläuft der Graph der Funktion
$f(x) = e^{-x}$?

Wie verläuft der Graph der Funktion
$f(x) = \sin x$?

Wie verläuft der Graph der Funktion
$f(x) = \cos x$?

Welche Bedingung gilt für eine
Stammfunktion von $f(x)$?

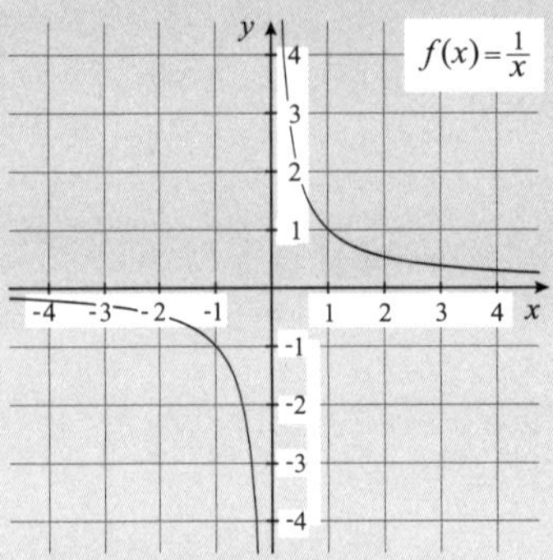

58

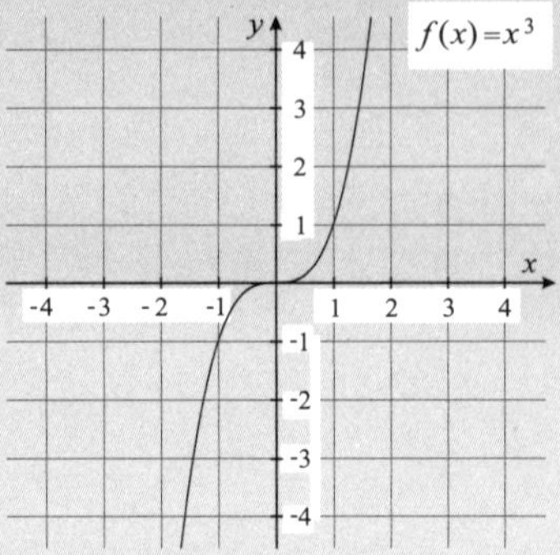

57

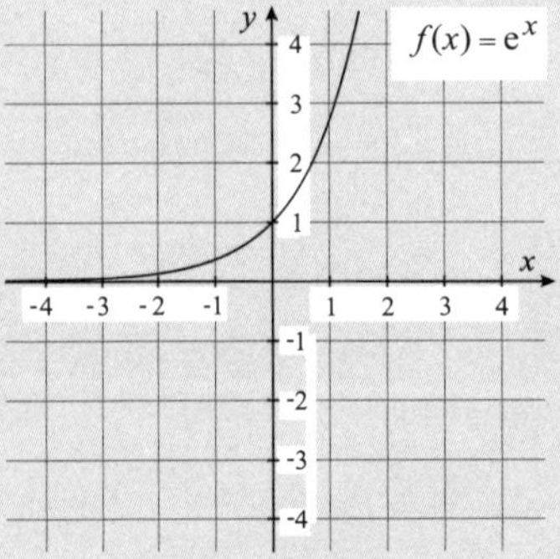

60

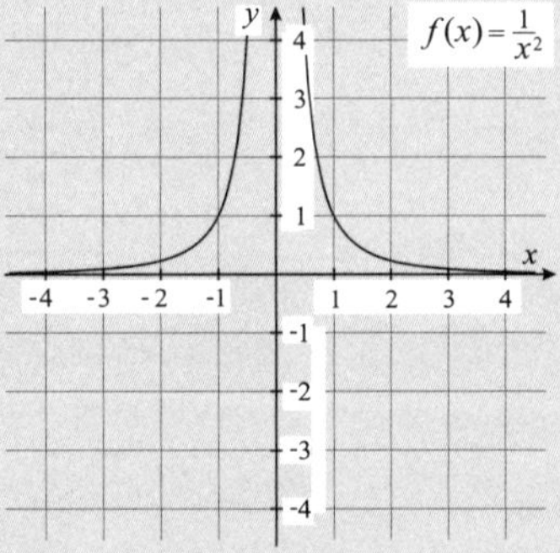

59

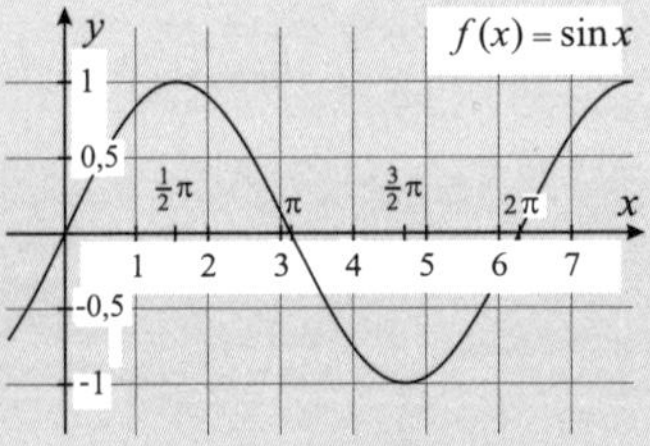

62

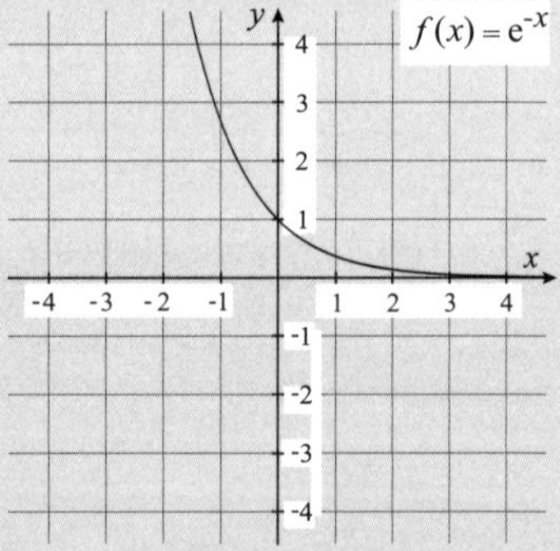

61

Die 1. Ableitung der Stammfunktion $\mathrm{F}(x)$ ergibt $f(x)$:

$$\mathrm{F}'(x) = f(x)$$

64

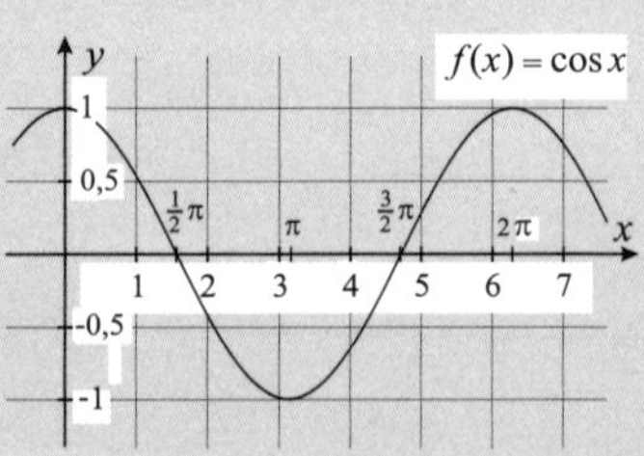

63

Integralrechnung ■ ■

Wie lautet eine Stammfunktion zu
$f(x) = x^r$?

BF www.Freiburger-Verlag.de 65

Integralrechnung ■ ■

Wie lautet eine Stammfunktion zu
$f(x) = a \cdot x^r$?

BF www.Freiburger-Verlag.de 66

Integralrechnung ■ ■

Wie lautet eine Stammfunktion zu
$f(x) = e^x$?

BF www.Freiburger-Verlag.de 67

Integralrechnung ■ ■

Wie lautet eine Stammfunktion zu
$f(x) = a \cdot e^{k \cdot x + b}$?

BF www.Freiburger-Verlag.de 68

Integralrechnung ■ ■

Wie lautet eine Stammfunktion zu
$f(x) = \sin x$?

BF www.Freiburger-Verlag.de 69

Integralrechnung ■ ■

Wie lautet eine Stammfunktion zu
$f(x) = a \cdot \sin(k \cdot x + b)$?

BF www.Freiburger-Verlag.de 70

Integralrechnung ■ ■

Wie lautet eine Stammfunktion zu
$f(x) = \cos x$?

BF www.Freiburger-Verlag.de 71

Integralrechnung ■ ■

Wie lautet eine Stammfunktion zu
$f(x) = a \cdot \cos(k \cdot x + b)$?

BF www.Freiburger-Verlag.de 72

$F(x) = \frac{a}{r+1} \cdot x^{r+1} + c$

Bedingung: $r \neq -1$

66

$F(x) = \frac{1}{r+1} \cdot x^{r+1} + c$

Bedingung: $r \neq -1$

65

$F(x) = \frac{a}{k} \cdot e^{k \cdot x + b} + c$

68

$F(x) = e^{x} + c$

67

$F(x) = -\frac{a}{k} \cdot \cos(k \cdot x + b) + c$

70

$F(x) = -\cos x + c$

69

$F(x) = \frac{a}{k} \cdot \sin(k \cdot x + b) + c$

72

$F(x) = \sin x + c$

71

Integralrechnung

Wie berechnet man das Integral $\int_a^b f(x)\,dx$?

BF www.Freiburger-Verlag.de 73

Integralrechnung

Wie berechnet man den Flächeninhalt zwischen zwei Kurven?

BF www.Freiburger-Verlag.de 74

Integralrechnung

Wie berechnet man den Flächeninhalt zwischen einer Kurve und der x-Achse über dem Intervall $[a, b]$?

BF www.Freiburger-Verlag.de 75

Integralrechnung

Wie kann man aus der Änderungsrate die Funktion bestimmen?

BF www.Freiburger-Verlag.de 76

Flächen und Volumen

Wie berechnet man das Volumen eines Würfels bzw. eines Quaders?

BF www.Freiburger-Verlag.de 1

Flächen und Volumen

Wie berechnet man das Volumen eines Prismas bzw. eines Zylinders?

BF www.Freiburger-Verlag.de 2

Flächen und Volumen

Wie berechnet man das Volumen einer Pyramide bzw. eines Kegels?

BF www.Freiburger-Verlag.de 3

Flächen und Volumen

Wie berechnet man den Flächeninhalt und den Umfang eines Kreises?

BF www.Freiburger-Verlag.de 4

$$A = \int_{x_1}^{x_2} (f(x) - g(x))\,dx$$

x_1, x_2: Schnittstellen von $f(x) = g(x)$
Kurve von f ist oberhalb der Kurve von g

74

$$\int_a^b f(x)\;dx = \Big[F(x)\Big]_a^b = F(b) - F(a)$$

mit $F'(x) = f(x)$
(Hauptsatz der Differential- und Integralrechnung)

73

Um die Funktion $f(x)$ aus der Änderungsrate $f'(x)$ zu bestimmen, muss man eine allgemeine Stammfunktion von $f'(x)$ bestimmen und Nebenbedingungen beachten.

76

Verläuft die Kurve oberhalb der x-Achse, so gilt:

$$A = \int_a^b f(x)\,dx$$

Verläuft die Kurve unterhalb der x-Achse, so gilt:

$$A = \int_a^b \Big(0 - f(x)\Big)\,dx = -\int_a^b f(x)\,dx$$

75

Prisma: $V = G \cdot h$

G: Grundfläche

h: Prismenhöhe

Zylinder: $V = G \cdot h = \pi \cdot r^2 \cdot h$

G: Grundfläche

r: Radius der Grundfläche

h: Zylinderhöhe

2

Würfel: $V = a^3$

Quader: $V = a \cdot b \cdot c$

a, b, c: Kantenlängen

1

Fläche: $A = \pi \cdot r^2$

Umfang: $U = 2 \cdot \pi \cdot r = \pi \cdot d$

4

Pyramide: $V = \frac{1}{3} \cdot G \cdot h$

G: Grundfläche

h: Pyramidenhöhe

Kegel: $V = \frac{1}{3} \cdot G \cdot h = \frac{1}{3} \cdot \pi \cdot r^2 \cdot h$

G: Grundfläche

h: Kegelhöhe

3

Flächen und Volumen

Wie berechnet man den Flächeninhalt eines Rechtecks bzw. eines Parallelogramms?

Flächen und Volumen

Wie berechnet man den Flächeninhalt eines Dreiecks?

Flächen und Volumen

Wie berechnet man den Flächeninhalt eines Trapezes?

Dreiecksberechnungen

Wie lautet der Satz des Pythagoras?

Punkte und Vektoren

Wie bestimmt man den Mittelpunkt M zwischen den Punkten $A(a_1 \mid a_2 \mid a_3)$ und $B(b_1 \mid b_2 \mid b_3)$?

Punkte und Vektoren

Wie bestimmt man den Verbindungsvektor von $A(a_1 \mid a_2 \mid a_3)$ zu $B(b_1 \mid b_2 \mid b_3)$?

Punkte und Vektoren

Wie berechnet man die Länge (den Betrag) eines Vektors $\vec{a} = \begin{pmatrix} a_1 \\ a_2 \\ a_3 \end{pmatrix}$?

Punkte und Vektoren

Wie bestimmt man das Skalarprodukt der Vektoren

$\vec{a} = \begin{pmatrix} a_1 \\ a_2 \\ a_3 \end{pmatrix}$ und $\vec{b} = \begin{pmatrix} b_1 \\ b_2 \\ b_3 \end{pmatrix}$?

$$A = \frac{1}{2} \cdot g \cdot h$$

g: Grundseite

h: Höhe auf die Grundseite

6

Rechteck: $A = a \cdot b$

a, b: Seitenlängen

Parallelogramm: $A = g \cdot h$

g: Grundseite

h: Höhe auf die Grundseite

5

Im rechtwinkligen Dreieck gilt:
Das Hypotenusenquadrat ist gleich groß wie die Summe der Kathetenquadrate:

$$c^2 = a^2 + b^2$$

(falls c Hypotenuse ist)

8

$$A = \frac{a+c}{2} \cdot h$$

a, c: parallele Seiten

h: Trapezhöhe

7

$$\overrightarrow{AB} = \vec{b} - \vec{a} = \begin{pmatrix} b_1 - a_1 \\ b_2 - a_2 \\ b_3 - a_3 \end{pmatrix}$$

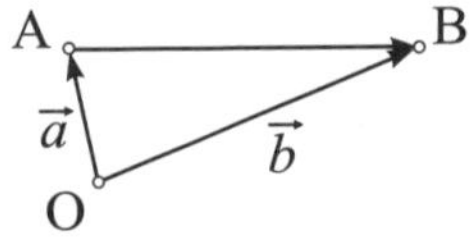

10

$$M\left(\frac{a_1+b_1}{2} \;\middle|\; \frac{a_2+b_2}{2} \;\middle|\; \frac{a_3+b_3}{2} \right)$$

9

$$\vec{a} \cdot \vec{b} = \begin{pmatrix} a_1 \\ a_2 \\ a_3 \end{pmatrix} \cdot \begin{pmatrix} b_1 \\ b_2 \\ b_3 \end{pmatrix}$$
$$= a_1 \cdot b_1 + a_2 \cdot b_2 + a_3 \cdot b_3$$

12

$$|\vec{a}| = \sqrt{a_1^2 + a_2^2 + a_3^2}$$

11

Wie erkennt man, dass Vektor $\vec{a}$ orthogonal (senkrecht) zu Vektor $\vec{b}$ ist?

Wann liegt ein Punkt P zwischen zwei Punkten A und B?

Wie berechnet man den Winkel φ zwischen den Vektoren $\vec{a}$ und $\vec{b}$?

Wie erhält man einen Vektor $\vec{c}$, der orthogonal zu den Vektoren $\vec{a}$ und $\vec{b}$ ist?

Wie kann man die Fläche eines Parallelogramms ABCD mithilfe des Vektorprodukts berechnen?

Wie kann man die Fläche eines Dreiecks ABC mithilfe des Vektorprodukts berechnen?

Wie normiert man einen Vektor $\vec{a}$ auf die Länge 1?

Wie lautet die Gleichung einer Geraden, die durch den Punkt P geht, in Parameterform?

Wenn ein Punkt P zwischen A und B liegt, muss gelten:

$$\vec{p} = \vec{a} + t \cdot \overrightarrow{AB} \text{ mit } 0 < t < 1$$

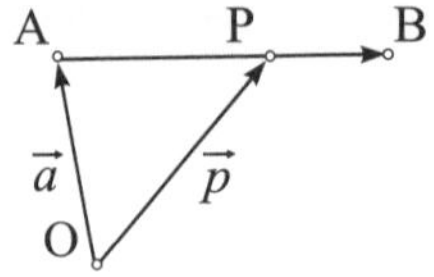

14

Wenn $\vec{a}$ orthogonal zu $\vec{b}$ ist, so ist das Skalarprodukt gleich Null:

$$\vec{a} \perp \vec{b} \Leftrightarrow \vec{a} \cdot \vec{b} = 0$$

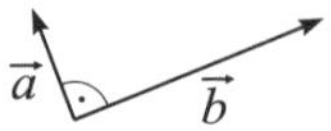

13

Mithilfe des Vektorprodukts (Kreuzprodukts):

$$\vec{c} = \vec{a} \times \vec{b} = \begin{pmatrix} a_2b_3 - a_3b_2 \\ a_3b_1 - a_1b_3 \\ a_1b_2 - a_2b_1 \end{pmatrix}$$

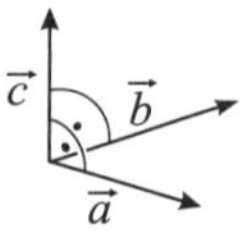

16

Den Winkel φ zwischen den beiden Vektoren $\vec{a}$ und $\vec{b}$ erhält man durch:

$$\cos(\varphi) = \frac{\vec{a} \cdot \vec{b}}{|\vec{a}| \cdot |\vec{b}|}$$

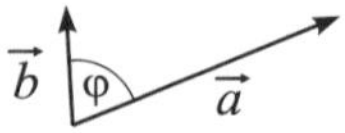

15

Die Fläche eines Dreiecks ABC wird mithilfe des Vektorprodukts berechnet:

$$A_{\triangle} = \frac{1}{2} \cdot |\overrightarrow{AB} \times \overrightarrow{AC}|$$

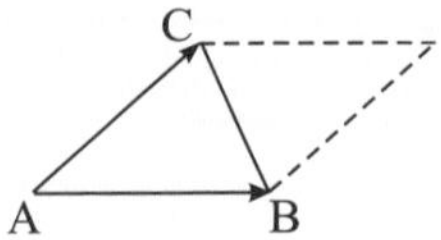

18

Die Fläche eines Parallelogramms ABCD wird mithilfe des Vektorprodukts berechnet:

$$A_{ABCD} = |\overrightarrow{AB} \times \overrightarrow{AD}|$$

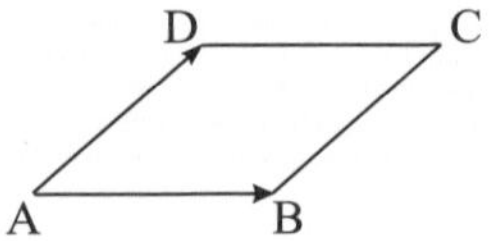

17

Geradengleichung in Parameterform:

$$g\colon \vec{x} = \vec{p} + r \cdot \vec{u}\,;\ r \in \mathbb{R}$$

$\vec{p}$: Stützvektor, $\vec{u}$: Richtungsvektor

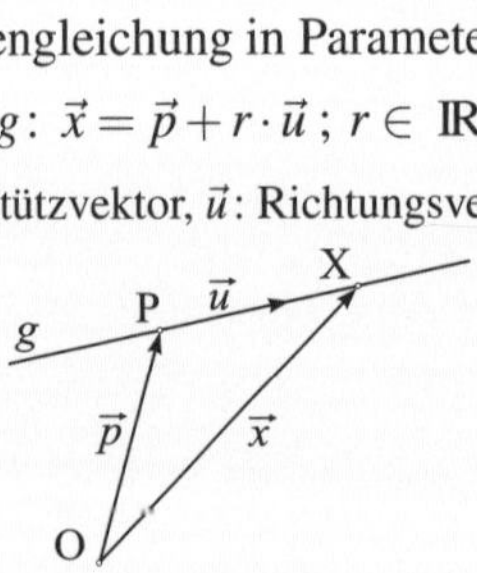

20

Ein Vektor wird auf die Länge 1 normiert, indem er durch seinen Betrag geteilt wird:

$$\overrightarrow{a_0} = \frac{1}{|\vec{a}|} \cdot \vec{a}$$

19

Geraden

Wie kann man prüfen, ob ein Punkt Q auf einer Geraden $g\colon\ \vec{x} = \vec{p} + r \cdot \vec{u}$ liegt?

BF www.Freiburger-Verlag.de 21

Geraden

Wann sind die Geraden g und h parallel?

BF www.Freiburger-Verlag.de 22

Geraden

Wann sind die Geraden g und h orthogonal?

BF www.Freiburger-Verlag.de 23

Geraden

Wie können zwei Geraden im Raum zueinander liegen?

BF www.Freiburger-Verlag.de 24

Geraden

Wic kann die gegenseitige Lage von zwei Geraden g und h bestimmt werden?

BF www.Freiburger-Verlag.de 25

Geraden

Wie lauten die Geradengleichungen der Koordinatenachsen?

BF www.Freiburger-Verlag.de 26

Ebenen

Wie lautet die Gleichung einer Ebene E, die den Punkt P enthält, in Parameterform?

BF www.Freiburger-Verlag.de 27

Ebenen

Wie stellt man eine Ebene in Parameterform auf, wenn drei in der Ebene liegende Punkte A, B und C gegeben sind?

BF www.Freiburger-Verlag.de 28

g und h sind parallel, wenn der eine Richtungsvektor ein Vielfaches des anderen ist:

$$\overrightarrow{u_1} = k \cdot \overrightarrow{u_2};\ k \in \mathbb{R} \setminus \{0\}$$

und der Stützpunkt A von g nicht auf h liegt (Widerspruch bei der Punktprobe)

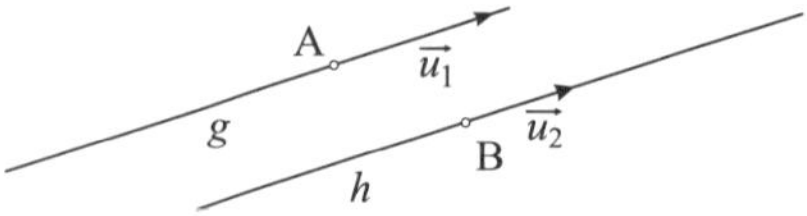

Punktprobe:

Man setzt den Ortsvektor von Q in die Geradengleichung ein:

$$\vec{q} = \vec{p} + r \cdot \vec{u}$$

Das zugehörige LGS wird zeilenweise nach r aufgelöst. Bei eindeutigem Parameter r liegt Q auf g, bei einem Widerspruch liegt Q nicht auf g.

Zwei Geraden können parallel oder identisch sein, einen Schnittpunkt besitzen oder windschief sein.

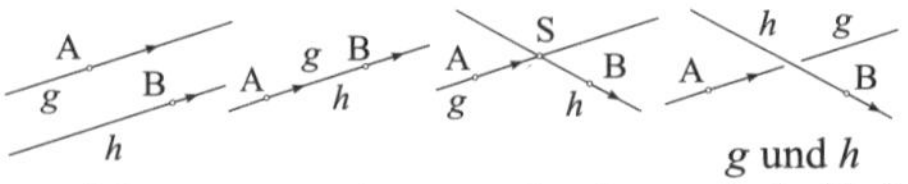

$g \parallel h$ $g = h$ $g \cap h = \mathrm{S}$ g und h windschief

g und h sind orthogonal, wenn sie sich schneiden und das Skalarprodukt der Richtungsvektoren Null ist:

$$\overrightarrow{u_1} \cdot \overrightarrow{u_2} = 0$$

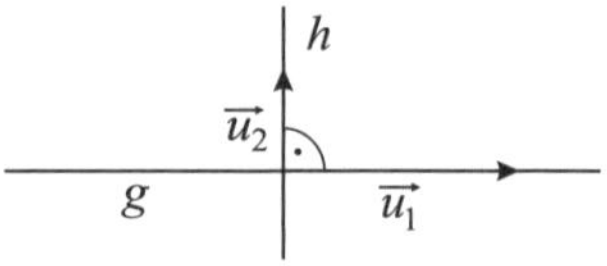

$$x_1\text{-Achse: } \vec{x} = \begin{pmatrix} 0 \\ 0 \\ 0 \end{pmatrix} + t \cdot \begin{pmatrix} 1 \\ 0 \\ 0 \end{pmatrix}, t \in \mathbb{R}$$

$$x_2\text{-Achse: } \vec{x} = \begin{pmatrix} 0 \\ 0 \\ 0 \end{pmatrix} + t \cdot \begin{pmatrix} 0 \\ 1 \\ 0 \end{pmatrix}, t \in \mathbb{R}$$

$$x_3\text{-Achse: } \vec{x} = \begin{pmatrix} 0 \\ 0 \\ 0 \end{pmatrix} + t \cdot \begin{pmatrix} 0 \\ 0 \\ 1 \end{pmatrix}, t \in \mathbb{R}$$

Zuerst prüfen, ob die Richtungsvektoren Vielfache voneinander sind:

Vielfache $\Rightarrow$ g und h sind parallel oder identisch; dann prüfen, ob der Stützpunkt der einen Geraden auf der anderen Geraden liegt.

Keine Vielfache $\Rightarrow$ g und h sind windschief oder schneiden sich; dazu Geradengleichungen gleichsetzen und das entstandene Gleichungssystem lösen.

Stützvektor: Ortsvektor von Punkt A, Spannvektoren: Verbindungsvektoren $\overrightarrow{AB}$ und $\overrightarrow{AC}$

$$E: \vec{x} = \vec{a} + s \cdot \overrightarrow{AB} + t \cdot \overrightarrow{AC};\ s, t \in \mathbb{R}$$

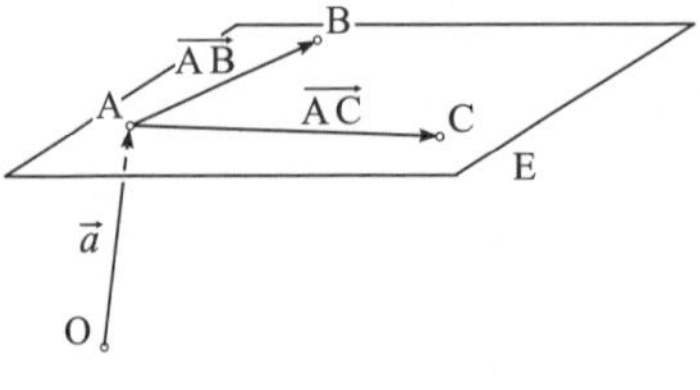

Ebenengleichung in Parameterform:

$$E: \vec{x} = \vec{p} + r \cdot \vec{u} + s \cdot \vec{v};\ r, s \in \mathbb{R}$$

Stützvektor: $\vec{p}$, Spannvektoren: $\vec{u}$, $\vec{v}$

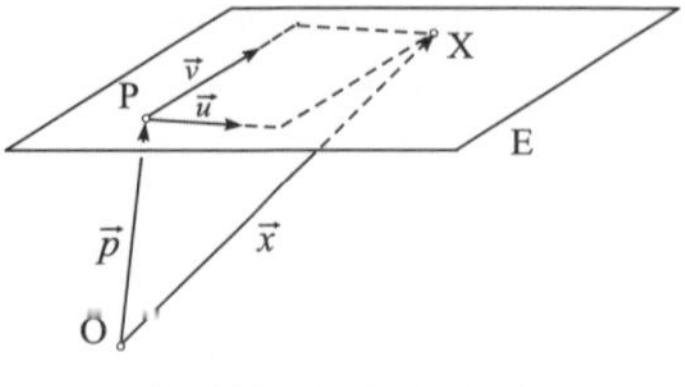

Wie stellt man eine Ebene E in Parameterform auf, wenn ein Punkt P und eine Gerade g gegeben sind, die in der Ebene liegen?

Wie stellt man eine Ebene E in Parameterform auf, wenn zwei Geraden der Ebene gegeben sind, die sich schneiden?

Wie stellt man eine Ebene E in Parameterform auf, wenn zwei Geraden der Ebene g und h gegeben sind, die parallel zueinander liegen?

Wie lautet die Koordinatengleichung einer Ebene?

Wie kann man prüfen, ob ein Punkt Q in einer Ebene E:

$$\vec{x} = \vec{p} + r \cdot \vec{u} + s \cdot \vec{v};\; r, s \in \mathbb{R}$$

liegt?

Wie kann man prüfen, ob ein Punkt Q in einer Ebene E:

$$ax_1 + bx_2 + cx_3 = d$$

liegt?

Wie wandelt man die Parameterform einer Ebene in die Koordinatengleichung um?

Wie lauten die Koordinatengleichungen der Koordinatenebenen?

Stützpunkt der Ebene: A, B oder Schnittpunkt S,

Spannvektoren: Richtungsvektoren $\overrightarrow{u_1}$ und $\overrightarrow{u_2}$

$$E: \vec{x} = \vec{s} + t \cdot \vec{u}_1 + r \cdot \vec{u}_2 \; ; \; t, r \in \mathbb{R}$$

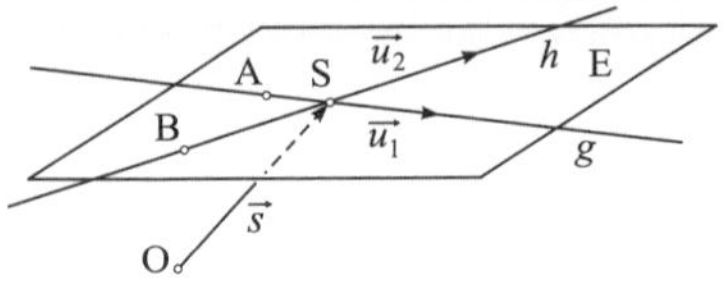

30

Stützpunkt der Ebene: Stützpunkt A der Geraden *g*,

Spannvektoren: Richtungsvektor $\vec{u}$ der Geraden und Verbindungsvektor $\overrightarrow{AP}$

$$E: \vec{x} = \vec{a} + s \cdot \overrightarrow{AP} + t \cdot \vec{u} \; ; \; s, t \in \mathbb{R}$$

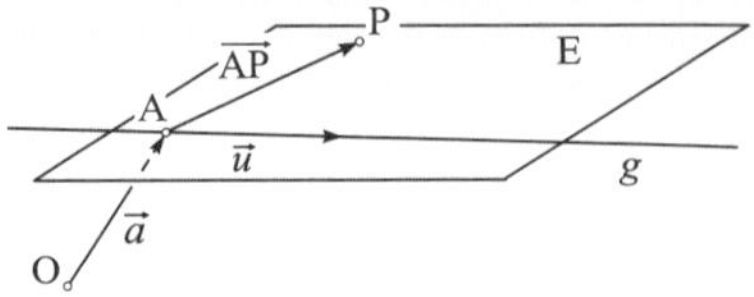

29

E: $ax_1 + bx_2 + cx_3 = d$

Normalenvektor: $\vec{n} = \begin{pmatrix} a \\ b \\ c \end{pmatrix}$

32

Stützpunkt der Ebene: Stützpunkt einer Geraden

Spannvektoren: Richtungsvektor $\vec{u}$ von g oder h *und*

Verbindungsvektor der beiden Stützpunkte A und B

$$E: \vec{x} = \vec{a} + s \cdot \overrightarrow{AB} + t \cdot \vec{u} \; ; \; s, t \in \mathbb{R}$$

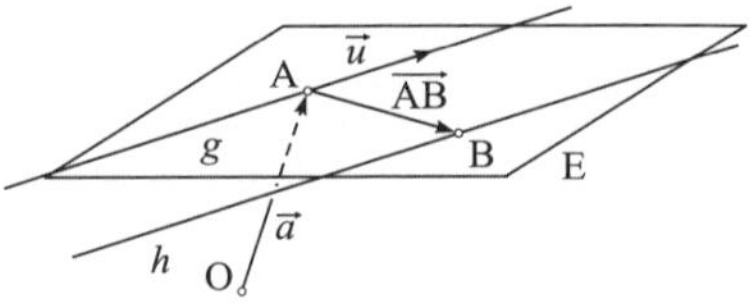

31

Punktprobe:

Man setzt die Koordinaten von Q in die Ebenengleichung ein:

$$a \cdot q_1 + b \cdot q_2 + c \cdot q_3 = d$$

Bei einer wahren Aussage liegt Q in E, bei einem Widerspruch liegt Q nicht in E.

34

Punktprobe:

Man setzt den Ortsvektor von Q in die Ebenengleichung ein:

$$\vec{q} = \vec{p} + r \cdot \vec{u} + s \cdot \vec{v}$$

Nun löst man das zugehörige LGS. Ist es lösbar, liegt Q in E, bei einem Widerspruch liegt Q nicht in E.

33

x_1x_2-Ebene: $x_3 = 0$

x_1x_3-Ebene: $x_2 = 0$

x_2x_3-Ebene: $x_1 = 0$

36

1. Normalenvektor mithilfe der Spannvektoren bestimmen: $\vec{u} \times \vec{v} \Rightarrow \vec{n}$
2. Normalenvektor in die Koordinatenform einsetzen:

   $$E: ax_1 + bx_2 + cx_3 = d$$

3. Stützpunkt einsetzen und d bestimmen

35

Ebenen

Wie kann man prüfen, ob ein Punkt P in einer Ebene E: $ax_1 + bx_2 + cx_3 = d$ liegt?

Ebenen

Mithilfe welcher Punkte kann man eine Ebene E in einem Koordinatensystem geschickt darstellen?

Ebenen

Wie können zwei Ebenen im Raum zueinander liegen?

Ebenen

Wann sind die Ebenen E_1 und E_2 echt parallel?

Ebenen

Wann sind die Ebenen E_1 und E_2 orthogonal?

Ebenen

Wie bestimmt man die gegenseitige Lage von zwei Ebenen in Koordinatenform?

Geraden und Ebenen

Wie können eine Gerade und eine Ebene im Raum zueinander liegen?

Geraden und Ebenen

Wie erkennt man, dass die Ebene E und die Gerade g (echt) parallel sind?

Man kann eine Ebene E meist mithilfe der Spurpunkte (Schnittpunkte von E mit den Koordinatenachsen) darstellen.

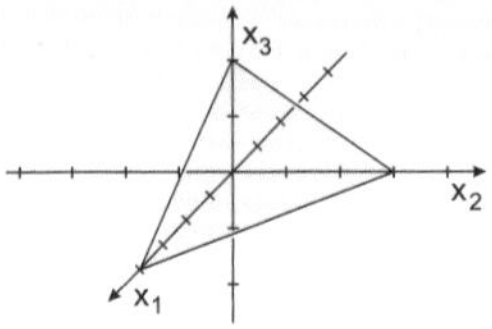

38

Punktprobe:

Man setzt die Koordinaten von P in die Ebenengleichung ein: Bei einer wahren Aussage liegt P in E, d.h. es gilt:

$$a \cdot p_1 + b \cdot p_2 + c \cdot p_3 = d$$

Bei einem Widerspruch liegt P nicht in E.

37

E_1 und E_2 sind echt parallel, wenn ihre Normalenvektoren Vielfache voneinander sind:

$$E_1 \parallel E_2\colon\ \overrightarrow{n_1} = k \cdot \overrightarrow{n_2};\ k \in \mathbb{R} \setminus \{0\}$$

und ein Punkt A von E_1 nicht in E_2 liegt (Widerspruch bei der Punktprobe).

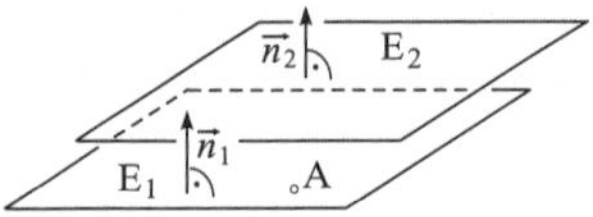

40

Zwei Ebenen können sich schneiden, identisch sein, oder parallel zueinander liegen.

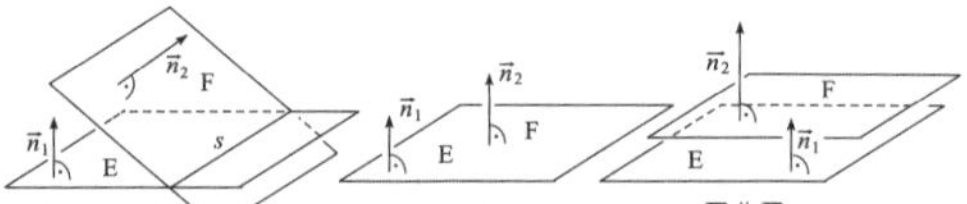

$E \cap F = s$ $E = F$ $E \parallel F$

39

Die Ebenengleichungen werden zu einem linearen Gleichungssystem zusammengefasst. Beim Lösen können drei Fälle auftreten:

1. Es gibt eine Lösungsmenge: Die beiden Ebenen schneiden sich in einer Schnittgeraden.
2. Widerspruch (z.B. $3 = 0$): Die Ebenen sind parallel.
3. Wahre Aussage (z.B. $0 = 0$): Die Ebenen sind identisch.

42

E_1 und E_2 sind orthogonal, wenn das Skalarprodukt ihrer Normalenvektoren Null ist: $E_1 \perp E_2\colon\ \overrightarrow{n_1} \cdot \overrightarrow{n_2} = 0$

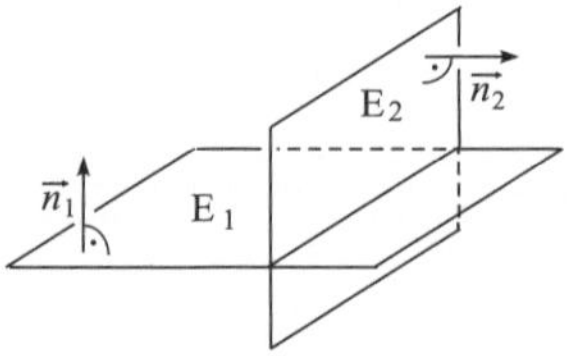

41

E und *g* sind parallel, wenn das Skalarprodukt von Normalenvektor und Richtungsvektor Null ist:

$$\vec{n} \cdot \vec{u} = 0$$

und der Stützpunkt P von *g* nicht in E liegt (Widerspruch bei der Punktprobe).

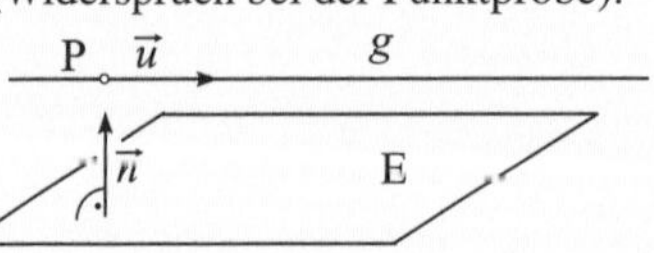

44

Die Gerade kann die Ebene schneiden, sie kann (echt) parallel zu ihr liegen oder in der Ebene liegen.

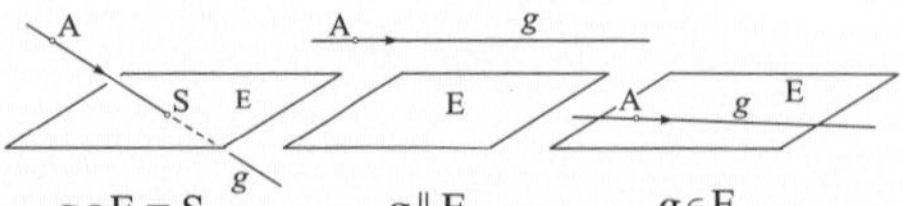

$g \cap E = S$ $g \parallel E$ $g \in E$

43

Geraden und Ebenen

Wie erkennt man, dass die Ebene E und die Gerade g orthogonal sind?

BF www.Freiburger-Verlag.de 45

Geraden und Ebenen

Wie bestimmt man die gegenseitige Lage einer Geraden g und einer Ebene E in Koordinatenform?

BF www.Freiburger-Verlag.de 46

Abstände

Wie berechnet man den Abstand d zweier Punkte $A(a_1 \mid a_2 \mid a_3)$ und $B(b_1 \mid b_2 \mid b_3)$?

BF www.Freiburger-Verlag.de 47

Abstände

Wie berechnet man den Abstand eines Punktes $Q(q_1 \mid q_2 \mid q_3)$ zu einer Ebene mithilfe der Abstandsformel?

$E\colon ax_1 + bx_2 + cx_3 = d$

BF www.Freiburger-Verlag.de 48

Abstände

Wie berechnet man den Abstand eines Punktes $Q(q_1 \mid q_2 \mid q_3)$ zu einer Ebene mit einer Hilfsgerade?

$E\colon ax_1 + bx_2 + cx_3 = d$

BF www.Freiburger-Verlag.de 49

Abstände

Wie berechnet man den Abstand zweier paralleler Ebenen E_1 und E_2?

BF www.Freiburger-Verlag.de 50

Abstände

Wie berechnet man den Abstand einer Geraden g zu einer parallelen Ebene E?

BF www.Freiburger-Verlag.de 51

Abstände

Wie bestimmt man die Höhe h einer Pyramide?

BF www.Freiburger-Verlag.de 52

Die Gerade g wird als «allgemeiner Punkt» geschrieben, in E eingesetzt und die Gleichung nach dem Parameter der Geraden gelöst. Dabei können drei Fälle auftreten:

1. Eine eindeutige Lösung: g schneidet E.
2. Widerspruch (z.B. $3 = 0$): g liegt parallel zu E.
3. Wahre Aussage (z.B. $0 = 0$): g liegt in E.

46

E und g sind orthogonal, wenn der Normalenvektor der Ebene und der Richtungsvektor der Geraden ein Vielfaches voneinander sind:

$$\vec{n} = k \cdot \vec{u};\; k \in \mathbb{R} \setminus \{0\}$$

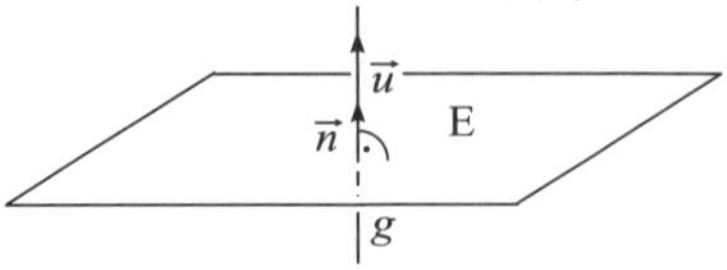

45

Mithilfe der Abstandsformel ergibt sich:

$$d\,(\mathrm{Q};\mathrm{E}) = \left| \frac{aq_1 + bq_2 + cq_3 - d}{\sqrt{a^2 + b^2 + c^2}} \right|$$

48

$$\begin{aligned} \mathrm{d}\,(\mathrm{A};\mathrm{B}) &= \left|\overrightarrow{\mathrm{AB}}\right| \\ &= \sqrt{(b_1 - a_1)^2 + (b_2 - a_2)^2 + (b_3 - a_3)^2} \end{aligned}$$

47

Der Abstand zweier paralleler Ebenen wird berechnet, indem man den Abstand eines Punktes P von E_1 zur Ebene E_2 berechnet, z.B. mithilfe der Abstandsformel.

50

1. Lotgerade l senkrecht zu E durch Q aufstellen: Normalenvektor von E ist Richtungsvektor von l.
2. l mit E schneiden ergibt den Lotfußpunkt S.
3. $|\overrightarrow{\mathrm{SQ}}|$ ist der Abstand des Punktes Q zur Ebene E.

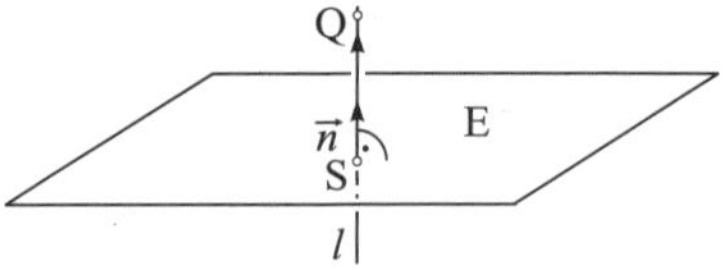

49

Die Höhe h einer Pyramide erhält man, indem man den Abstand der Spitze S von der Ebene, in der die Grundfläche liegt, berechnet, z.B. mithilfe der Abstandsformel.

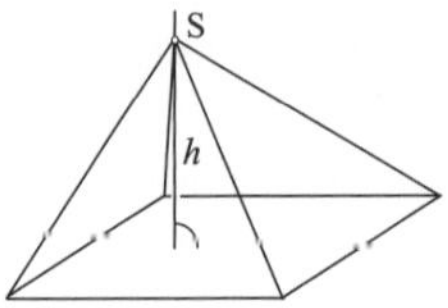

52

Der Abstand von g zu E wird berechnet, indem man den Abstand des Stützpunktes A von g zur Ebene E berechnet, z.B. mithilfe der Abstandsformel.

51

Winkel

Wie berechnet man den Schnittwinkel zweier Geraden g und h?

BF www.Freiburger-Verlag.de 53

Winkel

Wie berechnet man den Schnittwinkel zwischen den Ebenen E_1 und E_2?

BF www.Freiburger-Verlag.de 54

Winkel

Wie berechnet man den Schnittwinkel einer Geraden g und einer Ebene E?

BF www.Freiburger-Verlag.de 55

Spiegelungen

Wie spiegelt man einen Punkt P an einem Punkt Q?

BF www.Freiburger-Verlag.de 56

Spiegelungen

Wie spiegelt man einen Punkt P an einer Ebene E?

BF www.Freiburger-Verlag.de 57

Spiegelungen

Wie spiegelt man eine Gerade g an einer Ebene E, wenn die Gerade parallel zur Ebene ist?

BF www.Freiburger-Verlag.de 58

Spiegelungen

Wie spiegelt man eine Gerade g an einer Ebene E, wenn die Gerade die Ebene schneidet?

BF www.Freiburger-Verlag.de 59

Spiegelungen

Wie spiegelt man eine Ebene E an einer Ebene F, wenn E und F parallel sind?

BF www.Freiburger-Verlag.de 60

Den Schnittwinkel (spitzer Winkel) zwischen E_1 und E_2 erhält man durch:

$$\cos(\varphi) = \frac{|\overrightarrow{n_1} \cdot \overrightarrow{n_2}|}{|\overrightarrow{n_1}| \cdot |\overrightarrow{n_2}|}$$

wobei $\overrightarrow{n_1}$ und $\overrightarrow{n_2}$ die Normalenvektoren der beiden Ebenen sind.

54

Den Schnittwinkel (spitzer Winkel) zwischen zwei Geraden erhält man durch:

$$\cos(\varphi) = \frac{|\overrightarrow{u_1} \cdot \overrightarrow{u_2}|}{|\overrightarrow{u_1}| \cdot |\overrightarrow{u_2}|}$$

wobei $\overrightarrow{u_1}$ und $\overrightarrow{u_2}$ die Richtungsvektoren der Geraden sind.

53

Für den Spiegelpunkt P^* gilt:

$$\overrightarrow{OP^*} = \overrightarrow{OP} + 2 \cdot \overrightarrow{PQ} \text{ oder } \overrightarrow{OP^*} = \overrightarrow{OQ} + \overrightarrow{PQ}$$

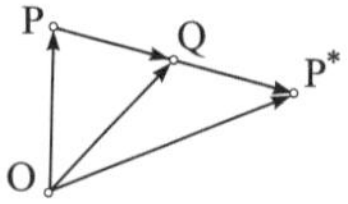

56

Den Schnittwinkel (spitzer Winkel) zwischen g und E erhält man durch:

$$\sin(\varphi) = \frac{|\vec{n} \cdot \vec{u}|}{|\vec{n}| \cdot |\vec{u}|}$$

wobei $\vec{n}$ der Normalenvektor der Ebene und $\vec{u}$ der Richtungsvektor der Geraden ist.

55

1. Aufstellen einer zu E orthogonalen Lotgeraden l durch den Stützpunkt A von g ergibt: $l\colon \vec{x} = \vec{a} + t \cdot \vec{n}$
2. Schnittpunkt S von l und E berechnen
3. A an S spiegeln: $\overrightarrow{OA^*} = \overrightarrow{OA} + 2 \cdot \overrightarrow{AS}$ ergibt A^*
4. Gleichung von $g^*\colon \vec{x} = \overrightarrow{a^*} + t \cdot \vec{u}$

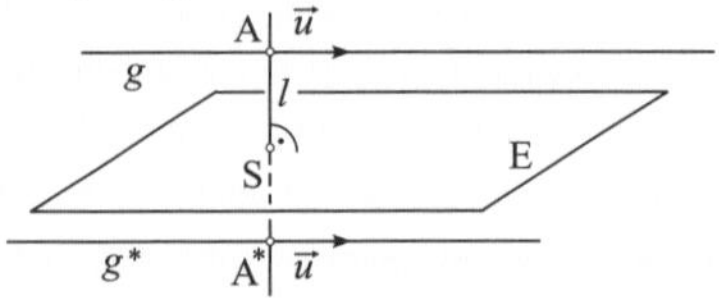

58

1. Aufstellen einer zu E orthogonalen Lotgeraden l durch P ergibt $l\colon \vec{x} = \vec{p} + t \cdot \vec{n}$
2. Schnittpunkt S von l und E berechnen
3. P an S spiegeln: $\overrightarrow{OP^*} = \overrightarrow{OP} + 2 \cdot \overrightarrow{PS}$ ergibt P^*

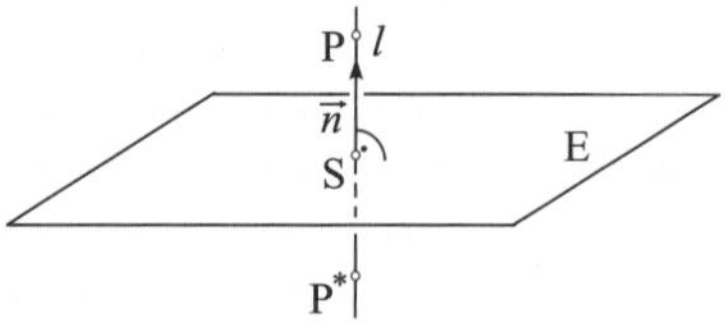

57

1. Aufstellen einer zur Ebene E orthogonalen Lotgeraden l durch einen Punkt A von E ergibt: $l\colon \vec{x} = \vec{a} + t \cdot \overrightarrow{n_E}$
2. Schnittpunkt S von l und F berechnen.
3. A an S spiegeln: $\overrightarrow{OA^*} = \overrightarrow{OA} + 2 \cdot \overrightarrow{AS}$ ergibt A^*
4. Gleichung von E^* mit A^* und $\overrightarrow{n_E}$ aufstellen.

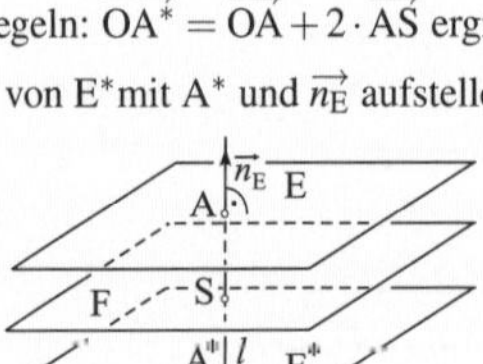

60

1. Schnittpunkt S von g und E bestimmen.
2. Lotgerade $l\colon \vec{x} = \vec{a} + t \cdot \vec{n}$ mit E schneiden ergibt F
3. A an F spiegeln: $\overrightarrow{OA^*} = \overrightarrow{OA} + 2 \cdot \overrightarrow{AF}$ ergibt A^*
4. Der Verbindungsvektor von S zu A^* ist der Richtungsvektor von $g^*\colon \vec{x} = \overrightarrow{a^*} + t \cdot \overrightarrow{SA^*}$

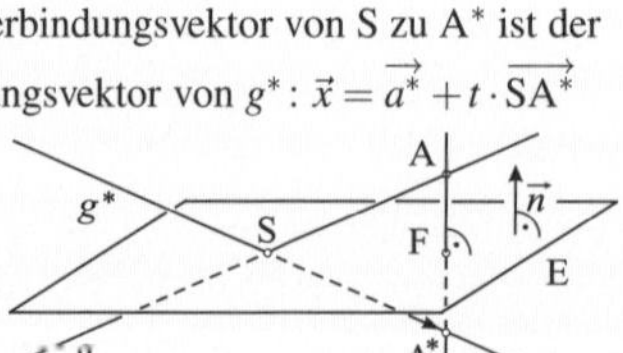

59

Was ist das Besondere an einem Laplace-Experiment?

Wie lautet die Laplace-Formel?

Wie berechnet man den Binomialkoeffizienten?

Wie lautet bei Baumdiagrammen die 1. Pfadregel (Produktregel)?

Wie lautet bei Baumdiagrammen die 2. Pfadregel (Summenregel)?

Was gilt beim «Ziehen mit Zurücklegen» für die Wahrscheinlichkeit bei jedem Zug ?

Was gilt beim «Ziehen ohne Zurücklegen» für die Wahrscheinlichkeit bei jedem Zug ?

Wie kann man die Wahrscheinlichkeit eines Ereignisses A mithilfe des Gegenereignisses $\overline{A}$ bestimmen?

Haben alle Ergebnisse eines Zufallsexperiments die gleiche Wahrscheinlichkeit, so gilt für die Wahrscheinlichkeit $P(A)$ eines Ereignisses A, das sich aus mehreren «günstigen» Ergebnissen zusammensetzt:

$$P(A) = \frac{\text{Anzahl der günstigen Ergebnisse}}{\text{Anzahl der möglichen Ergebnisse}}$$

Bei einem Laplace-Experiment sind alle Ergebnisse gleichwahrscheinlich. Beispiel: Der Wurf eines idealen Würfels.

Produktregel:
Die Wahrscheinlichkeiten der zugehörigen Äste längs eines Pfades werden multipliziert.

Der Binomialkoeffizient «n über k» wird mithilfe der folgenden Formel berechnet:

$$\binom{n}{k} = \frac{n!}{(n-k)! \cdot k!}$$

Die Wahrscheinlichkeit für ein Ergebnis bleibt bei jedem Zug gleich.

Summenregel:
Die Wahrscheinlichkeiten aller Pfade, die zu einem Ereignis gehören, werden addiert.

$$P(A) = 1 - P(\overline{A})$$

Die Wahrscheinlichkeit für ein Ergebnis ändert sich bei jedem Zug.

Erwartungswert

Wie berechnet man den Erwartungswert einer Zufallsgröße X?

BF www.Freiburger-Verlag.de 9

Erwartungswert

Wann ist ein Spiel fair?

BF www.Freiburger-Verlag.de 10

Erwartungswert

Was beschreibt die Standardabweichung σ einer Zufallsgröße X?

BF www.Freiburger-Verlag.de 11

Erwartungswert

Wie berechnet man die Varianz einer Zufallsgröße X?

BF www.Freiburger-Verlag.de 12

Erwartungswert

Wie berechnet man die Standardabweichung σ einer Zufallsgröße X?

BF www.Freiburger-Verlag.de 13

Binomialverteilung

Was ist ein Bernoulli-Experiment?

BF www.Freiburger-Verlag.de 14

Binomialverteilung

Was ist eine Bernoulli-Kette der Länge n?

BF www.Freiburger-Verlag.de 15

Binomialverteilung

Wann ist eine Zufallsgröße X binomialverteilt?

BF www.Freiburger-Verlag.de 16

Ein Spiel ist fair, wenn für den Erwartungswert der Zufallsgröße X gilt:

$$E(X) = 0$$

10

Wenn eine Zufallsgröße X die Werte $x_1, x_2, \ldots, x_n$ annehmen kann, so ist der Erwartungswert dieser Zufallsgröße:

$$E(X) = x_1 \cdot P(X = x_1) + x_2 \cdot P(X = x_2) + \ldots$$
$$\ldots + x_n \cdot P(X = x_n)$$

9

Wenn eine Zufallsgröße X die Werte $x_1, x_2, \ldots, x_n$ annehmen kann, so ist die Varianz dieser Zufallsgröße:

$$V(X) = \left(x_1 - E(X)\right)^2 \cdot P(X = x_1) + \left(x_2 - E(X)\right)^2 \cdot P(X = x_2) + \ldots$$
$$\ldots + \left(x_n - E(X)\right)^2 \cdot P(X = x_n)$$

12

Die Standardabweichung σ gibt die Abweichung einer Zufallsgröße X von ihrem Erwartungswert $E(X)$ an, sie ist damit ein Maß für die Streuung um den Erwartungswert.

11

Ein Bernoulli-Experiment ist ein Zufallsexperiment, das genau zwei Ergebnisse hat, z.B. der Münzwurf mit den Ergebnissen «Kopf» und «Zahl».

14

Es ist

$$\sigma = \sqrt{V(X)} = \sqrt{\sum_{i=1}^{n} (x_i - \mu)^2}$$

13

Eine Zufallsgröße X ist binomialverteilt, wenn eine Bernoullikette mit der Länge n und der Trefferwahrscheinlichkeit p zugrunde liegt.

16

Wenn man ein Bernoulli-Experiment n-mal hintereinander ausführt, wird dies als Bernoulli-Kette der Länge n bezeichnet.

15

Wie bestimmt man bei einer binomialverteilten Zufallsgröße X die Wahrscheinlichkeit, dass es genau k Treffer gibt?

Wie bestimmt man bei einer binomialverteilten Zufallsgröße X die Wahrscheinlichkeit, dass es höchstens k Treffer gibt?

Wie bestimmt man bei einer binomialverteilten Zufallsgröße X die Wahrscheinlichkeit, dass es mindestens k Treffer gibt?

Wie bestimmt man bei einer binomialverteilten Zufallsgröße X die Wahrscheinlichkeit, dass es weniger als k Treffer gibt?

Wie bestimmt man bei einer binomialverteilten Zufallsgröße X die Wahrscheinlichkeit, dass es mehr als k Treffer gibt?

Wie bestimmt man bei einer binomialverteilten Zufallsgröße X die Wahrscheinlichkeit, dass es mindestens k_1 und höchstens k_2 Treffer gibt?

Wie berechnet man den Erwartungswert μ einer binomialverteilten Zufallsgröße X mit den Parametern n und p?

Wie berechnet man die Standardabweichung σ einer binomialverteilten Zufallsgröße mit den Parametern n und p?

$$P(X \leqslant k) = P(X = 0) + P(X = 1) + ... + P(X = k)$$

$$P(X = k) = \binom{n}{k} \cdot p^k \cdot (1 - p)^{n-k}$$

$$P(X < k) = P(X \leqslant k - 1)$$

$$P(X \geqslant k) = P(X = k) + P(X = k + 1) + ... + P(X = n)$$

oder

$$P(X \geqslant k) = 1 - P(X \leqslant k - 1)$$

$$P(k_1 \leqslant X \leqslant k_2) = P(X \leqslant k_2) - P(X \leqslant k_1 - 1)$$

$$P(X > k) = 1 - P(X \leqslant k)$$

Die Standardabweichung einer binomialverteilten Zufallsgröße ist:

$$\sigma = \sqrt{n \cdot p \cdot (1 - p)}$$

Wenn die Zufallsgröße X binomialverteilt ist, dann hat X den Erwartungswert:

$$E(X) = \mu = n \cdot p$$

Wie sieht die Glockenkurve einer normalverteilten Zufallsgröße aus?

An welcher Stelle befindet sich das Maximum einer normalverteilten Zufallsgröße?

An welcher Stelle hat die Glockenkurve einer normalverteilten Zufallsgröße ihre Wendestellen?

Wie groß ist das Maximum einer normalverteilten Zufallsgröße?

Wie bestimmt man mithilfe der Glockenkurve bei einer normalverteilten Zufallsgröße die Wahrscheinlichkeit $P(X < k)$ bzw. $P(X \leqslant k)$?

Wie bestimmt man mithilfe der Glockenkurve bei einer normalverteilten Zufallsgröße die Wahrscheinlichkeit $P(X > k)$ bzw. $P(X \geqslant k)$?

Wie bestimmt man mithilfe der Glockenkurve bei einer normalverteilten Zufallsgröße die Wahrscheinlichkeit $P(k_1 \leqslant X \leqslant k_2)$, bzw. $P(k_1 < X < k_2)$?

Welchen Wert hat bei einer normalverteilten Zufallsgröße die Wahrscheinlichkeit $P(X = k)$?

Das Maximum befindet sich beim Erwartungswert:

$$x = \mu$$

26

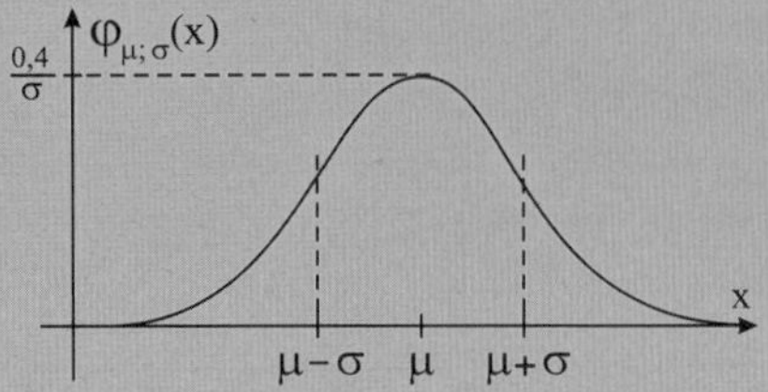

25

Das Maximum (der Hochpunkt der Glockenkurve) befindet sich bei

$$\varphi_{\mu;\sigma}(x) = \frac{0,4}{\sigma}$$

28

Die beiden Wendestellen befinden sich bei

$$x_1 = \mu - \sigma \text{ und } x_2 = \mu + \sigma$$

27

Man bestimmt die Fläche unter der Glockenkurve:

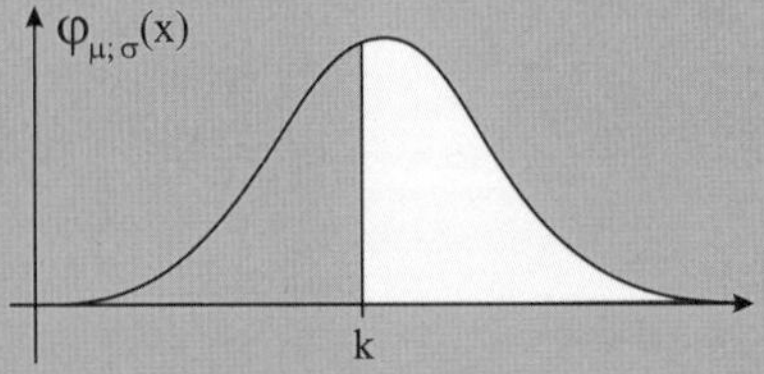

30

Man bestimmt die Fläche unter der Glockenkurve:

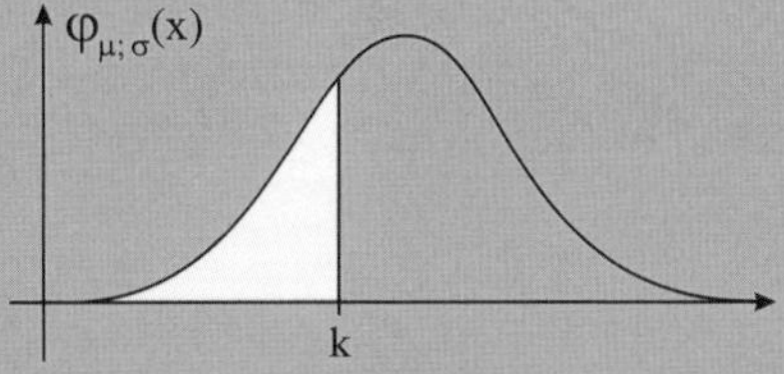

29

Es ist $P(X = k) = 0$, da die Fläche unter der Glockenkurve bei einer einzigen Linie gleich Null ist, bzw. weil für das Integral gilt:

$$\int_k^k \varphi_{\mu;\sigma}(x)\,dx = 0$$

32

Man bestimmt die Fläche unter der Glockenkurve:

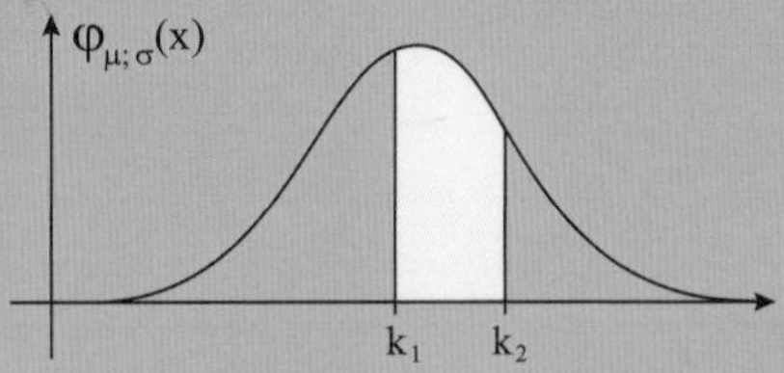

31